"少年轻科普"丛书

花花草草和大树，我有问题想问你

史军 / 主编
史军 / 著

广西师范大学出版社
·桂林·

图书在版编目(CIP)数据

花花草草和大树,我有问题想问你/史军主编.—桂林:广西师范大学出版社,2018.7(2023.5重印)
(少年轻科普)
ISBN 978-7-5598-0869-1

Ⅰ.①花… Ⅱ.①史… Ⅲ.①植物-少儿读物
Ⅳ.①Q94-49

中国版本图书馆CIP数据核字(2018)第097391号

花花草草和大树,我有问题想问你
HUAHUACAOCAO HE DASHU,WO YOU WENTI XIANG WEN NI

出 品 人:刘广汉
策划编辑:杨仪宁
责任编辑:杨仪宁 孙羽翎
封面设计:DarkSlayer
内文设计:李婷婷
插 画:渣喵壮士

广西师范大学出版社出版发行
(广西桂林市五里店路9号 邮政编码:541004
网址:http://www.bbtpress.com)
出版人:黄轩庄
全国新华书店经销
销售热线:021-65200318 021-31260822-898
山东临沂新华印刷物流集团有限责任公司印刷
(临沂高新技术产业开发区新华路1号 邮政编码:276017)
开本:720 mm×1 000 mm 1/16
印张:7.75 字数:55千字
2018年7月第1版 2023年5月第5次印刷
定价:39.00元

序
PREFACE

每个孩子都应该有一粒种子

在这个世界上，有很多看似很简单，却很难回答的问题，比如说，什么是科学？

什么是科学？在我还是一个小学生的时候，科学就是科学家。

那个时候，“长大要成为科学家”是让我自豪和骄傲的理想。每当说出这个理想的时候，大人的赞赏言语和小伙伴的崇拜目光就会一股脑地冲过来，这种感觉，让人心里有小小的得意。

那个时候，有一部科幻影片叫《时间隧道》。在影片中，科学家可以把人送到很古老很古老的过去，穿越人类文明的长河，甚至回到恐龙时代。懵懂之中，我只知道那些不修边幅、蓬头散发、穿着白大褂的科学家的脑子里装满了智慧和疯狂的想法，它们可以改变世界，可以创造未来。

在懵懂学童的脑海中，科学家就代表了科学。

什么是科学？在我还是一个中学生的时候，科学就是动手实验。

那个时候，我读到了一本叫《神秘岛》的书。书中的工程师似乎有着无限的智慧，他们凭借自己的科学知识，不仅种出了粮食，织出了衣服，造出了炸药，开凿了运河，甚至还建成了电报通信系统。凭借科学知识，他们把自己的命运牢牢地掌握在手中。

于是，我家里的灯泡变成了烧杯，老陈醋和碱面在里面愉快地冒着泡；拆开的石英表永久性变成了线圈和零件，只是拿到的那两片手表玻璃，终究没有变成能点燃火焰的透镜。但我知道科学是有力量的。拥有科学知识的力量成为我向往的目标。

在朝气蓬勃的少年心目中，科学就是改变世界的实验。

什么是科学？在我是一个研究生的时候，科学就是炫酷的观点和理论。

那时的我，上过云贵高原，下过广西天坑，追寻骗子兰花的足迹，探索花朵上诱骗昆虫的精妙机关。那时的我，沉浸在达尔文、孟德尔、摩尔根留下的遗传和演化理论当中，惊叹于那些天才想法对人类认知产生的巨大影响，连吃饭的时候都在和同学讨论生物演化理论，总是憧憬着有一天能在《自然》和《科学》杂志上发表自己的科学观点。

在激情青年的视野中，科学就是推动世界变革的观点和理论。

直到有一天，我离开了实验室，真正开始了自己的科普之旅，我才发现科学不仅仅是科学家才能做的事情。科学不仅仅是实验，验证重力规则的时候，伽利略并没有真的站在比萨斜塔上面扔铁球和木球；科学也不仅仅是观点和理论，如果它们仅仅是沉睡在书本上的知识条目，对世界就毫无价值。

科学就在我们身边——从厨房到果园，从煮粥洗菜到刷牙洗脸，从眼前的花草树木到天上的日月星辰，从随处可见的蚂蚁蜜蜂到博物馆里的恐龙化石……

处处少不了它。

其实，科学就是我们认识世界的方法，科学就是我们打量宇宙的眼睛，科学就是我们测量幸福的尺子。

什么是科学？在这套“少年轻科普”丛书里，每一位小朋友和大朋友都会找到属于自己的答案——长着羽毛的恐龙、叶子呈现宝石般蓝色的特别植物、僵尸星星和流浪星星、能从空气中凝聚水的沙漠甲虫、爱吃妈妈便便的小黄金鼠……都是科学表演的主角。“少年轻科普”丛书就像一袋神奇的怪味豆，只要细细品味，你就能品咂出属于自己的味道。

在今天的我看来，科学其实是一粒种子。

它一直都在我们的心里，需要用好奇心和思考的雨露将它滋养，才能生根发芽。有一天，你会突然发现，它已经长大，成了可以依托的参天大树。树上绽放的理性之花和结出的智慧果实，就是科学给我们最大的褒奖。

编写这套丛书时，我和这套书的每一位作者，都仿佛沿着时间线回溯，看到了年少时好奇的自己，看到了早早播种在我们心里的那一粒科学的小种子。我想通过“少年轻科普”丛书告诉孩子们——科学究竟是什么，科学家究竟在做什么。当然，更希望能在你们心中，也埋下一粒科学的小种子。

“少年轻科普”丛书主编 史军

目录
CONTENTS

01

最早的花朵从哪儿来

春天的世界如此美好，绿草如茵，花团锦簇，数以万计的开花植物来贡献自己的花朵。如果我们反观地球的历史，花朵还真是个新鲜事儿，虽然也有上亿年，但是放在生命演化的长河中来看，还真是一个年轻的作品。

花朵是如何改变生物界的，它们又是从何而来的？

这一直都是生物学家们感兴趣的谜题。

在花朵这种结构出现之前，动物和植物之间基本上只有吃和被吃的关系——海藻、苔藓、蕨类植物，甚至南洋杉之类的裸子植物都只是动物嘴巴里的食物。这些植物也不需要动物帮忙，就可以繁育它们的下一代。花朵这种结构的出现，让动物和植物有了共同经营的事业，那就是传播花粉。

精巧的花朵，让幼嫩的种子有了生长的理想庇护所。更重要的是，花朵为各种动物提供了适合的餐食，也可以让那些享受了美餐的动物，为植物提供传播花粉的服务。有些凤仙花只允许熊蜂来吸取花蜜；眉兰通过气味勾引那些正在找女朋友的雄性胡蜂；彗星兰更是长出了长达四十厘米的存储花蜜的管子，只有嘴巴够长的长喙天蛾才能品尝到它的甘甜。

植物界和动物界都出现了各种各样相对应的物种。也正是这种对应，让整个生命世界更加多姿多彩。

“花朵”这种结构从何而来？

“花朵”真的只是开花植物的独门利器吗？这一直是困扰生物学家们的难题。

小贴士

球花是什么花？

植物学家们所说的球花，是给松树、杉树、柏树这样的裸子植物的繁殖器官起的名字。这些植物并没有真正的花朵——没有花瓣，也没有果皮，但是一样可以孕育种子，因此有了球花这样的称呼。

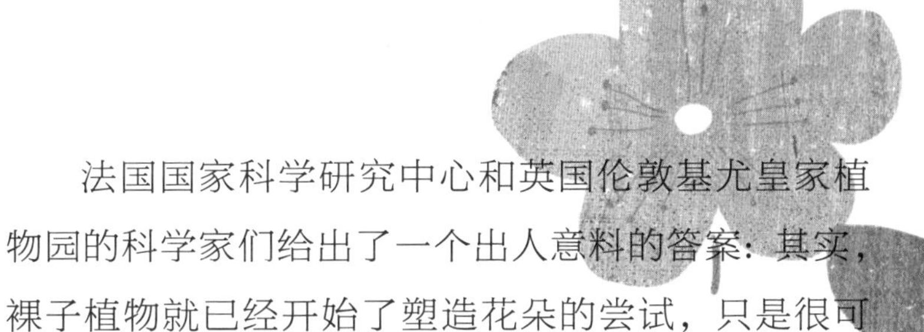

法国国家科学研究中心和英国伦敦基尤皇家植物园的科学家们给出了一个出人意料的答案：其实，裸子植物就已经开始了塑造花朵的尝试，只是很可惜，这种尝试以失败告终。

在非洲有一种被称为“千岁兰”的植物。虽然名叫兰，但它们却是不折不扣的裸子植物。这些只有几片大叶子的植物并没有真正的花朵，但它们的雄球花中确实存在胚珠，只是这些胚珠不具备繁殖能力。这说明，这种植物曾经想塑造自己的两性花朵，结果没有成功。

无独有偶，在千岁兰的很多裸子植物“表亲”中，也有一些特殊的基因，这些基因与开花植物中负责花朵结构的相关基因都存在相似的地方。开花植物和其“表亲”裸子植物拥有类似的基因组，都来自它们共同的祖先——这说明“开花植物能够开花”这一机制并不一定是开花植物的“独创”，只是开花植物更好地利用了这种基因，从而最终成为陆生植物世界的统治者。

再看到花朵的时候，你会不会多了几分敬意？那可是大自然亿万年努力的作品呢。

花朵上的“雀斑”都不是白长的，那是指路牌

为什么春天的花朵五颜六色？这还得从昆虫身上找原因。

蜜蜂和蝴蝶总是与漂亮的花朵相伴相生，蝴蝶吸花蜜，蜜蜂采花粉。花朵们不仅准备好了食物，还为这些传播花粉的“食客”准备了路标——花朵的颜色和形态，就是特殊的路标。

千姿百态的花朵，植物进化的印记

动物们对花的颜色可是很挑剔的，因为它们对颜色的感知和人眼很不相同。比如，蜜蜂喜欢黄色和蓝色，蝴蝶更倾向于白色和红色，至于豆丁大小的蜂鸟和太阳鸟就只钟情于火红的颜色。所以，要吸引到足够的、合适的传粉劳动力，花朵就必须选对颜色。如果你想用纯红色的花朵来吸引蜜蜂，就只会“门庭冷落，独自飘零”了。所以从一定程度上说，花瓣的颜色，也是植物进化历程中留下的印记。

更有意思的是，植物们还聪明地进化出各种更有吸引力的手段来诱惑传粉者们。

比如某些品种的百合花和蕙兰，花瓣上长了栗红色的斑点，在我们看来这些影响美观的斑点，却是蜜蜂等昆虫的最爱，简直就像饭店招牌一样醒目；纹瓣兰的花瓣上会有一些纵向的条纹向花朵内部延伸，在蜜蜂看来，这些条纹就是指向美食的路标；眉兰甚至把花朵伪装成雌性胡蜂的样子，连胡蜂身上的根根绒毛都被完美伪装了出来……

自己给自己授粉的植物

不过，也有很多花朵并不需要虫子或者风力帮忙就能完成繁殖，它们的表演堪称完美的独角戏，大花槽舌兰就是这样一种植物。

一般来说，兰科植物都需要动物的协助来完成花粉传递。但是大花槽舌兰独辟蹊径，它可以用伸长的花粉块柄——那是一个像棒棒糖棍一样的结构，而花粉块就像顶端的棒棒糖——把花粉送到雌蕊上，通过自花授粉来达到生殖的目的。科研人员认为，大花槽舌兰的特殊行为可能跟它们的生活环境有关系。这些兰花生活的干热河谷中，不但缺少传粉昆虫，连风力都很小，这样的环境迫使这种植物走上了自己给自己授粉的道路。

花朵的盛会看似纷繁复杂，内里却又井井有条，所有植物都遵循着亿万年来积累的智慧，按照自己的节奏来繁衍，生命的轮回因此在我们面前呈现。

我们能随意改变花朵的颜色吗

人们看够了炽热的红玫瑰，于是有些人别出心裁，想给玫瑰染上别的颜色——“蓝色妖姬”玫瑰就是一个例子。

从原理上来说,改变花的颜色并不困难，只要将花青素、类胡萝卜素、叶绿素调配好，就能得到想要的颜色。但是实际操作起来就有些困难了：首先，花瓣里得有装配色素所需的原料，比如要想生产红色的芍药花素，那至少需要在花瓣里准备一种叫作“查尔酮”的原料。而且有原料还不够，还要构建出新的“色素生产流水线”。要知道，一个表现颜色的花青素单元，是由花青素苷、葡萄糖基团、金属离子、有机酸基团等小零件组成的，也就是整条流水线要丝毫不差地进行装配，才能得到我们想要的花朵颜色。

这个换色大行动听起来就很复杂，所以最靠谱的，还是赶快享受自然的色彩吧。

蓝叶秋海棠：高效光能收割机

没什么事情比冬去春来更让人心情愉快了——新年刚过，数九寒天已近尾声，料峭的春寒封不住绿意。很快就要春回大地，温暖的南风就像一支神奇的画笔，从南向北催开春芽，在地面、枝头留下深深浅浅的绿。

小贴士

绿光变能源，垃圾变宝物

科学家们对蓝叶秋海棠的特殊本领钦佩不已，正琢磨着学它的样子改进光伏电池，让我们的生活更加美好。

了不起的小小叶绿体

春回大地带来的绿色，大多来自植物。植物是地球上最主要的生产者，是大多数生态系统的基石。

植物叶子的绿色源于细胞中的叶绿体。这些小小的绿色颗粒，是我们这颗星球上最伟大的发明，因为它们能进行光合作用——也就是说，它们能吸收太阳光，把其中的能量转化成自己身体的一部分，同时释放氧气。这样，看得见摸不着的太阳光能就会被植物“固定”住，成为实实在在的根茎叶。

太阳光是太阳系里最充足、最可靠的能源。白色的太阳光可以被分解为一个连续过渡的彩色光谱带，它们按照“赤橙黄绿青蓝紫”的顺序排列。叶绿体有些偏食，它更喜欢其中的蓝光和红光部分，绿光则统统反射回去。叶绿体不爱吃的绿光映照到我们的眼睛里，植物就是绿色的了。

特殊的叶绿体：虹彩体

不过，也不是所有植物都爱好同一种口味。这个世界上也有蓝叶子的植物，它就是蓝叶秋海棠。

蓝叶秋海棠的老家在马来西亚的热带雨林地区。它们个头矮小，远远比不上身材高大的树木，也没有藤蔓植物那样的攀爬技巧。不过这并不妨碍它们展现自己的美丽，蓝叶秋海棠的叶子在光照微弱时会呈现出丝绒般的蓝色，有如蓝孔雀的翎毛，反射出金属光泽的虹彩。

最近，英国布里斯托大学的科学家们研究了这种植物。他们发现，蓝叶秋海棠之所以能在树木和藤蔓的夹击下求得生存，全倚仗那一身亮蓝色的衣裳。

这种植物的细胞中有一类特殊的叶绿体，里面的薄膜结构和普通叶绿体相比，薄膜排列得更规则，每一摞薄膜之间贴合得更紧密。这导致的第一个结果，就是让叶片带上耀眼的金属光泽——科学家们又把这种特殊的叶绿体称为“虹彩体”。

虹彩体更偏好绿光，对普通叶绿体爱吃的蓝光则不理不睬。这就是虹彩体结构更规则的第二个直观结果——叶子为蓝色。热带雨林中植物繁多，阳光由于参天大树和藤蔓的层层遮蔽，到达近地面生长的蓝叶秋海棠那里时，已经非常暗淡了。这些微弱的阳光，显然只是上层植物“吃剩”的“残渣”，其中的蓝光已被吃尽，剩下的多是不被大多数植物喜欢的绿光。蓝叶秋海棠聪明地把自己的叶绿体打造成虹彩体，把别人留下的绿光当作美餐。

更有甚者，虹彩体规整的结构就像是一道道屏障，能降低光速。光在虹彩体内放慢脚步后，光合作用就更加充分，能把更多的太阳光能固定存储下来，让蓝叶秋海棠长得更快更好。实验数据也说明，虹彩体的光合效率比普通叶绿体提高了50%，也就是说，蓝叶秋海棠这身亮蓝色装束的第三个结果，就在于提高光合效率。

你们瞧，蓝叶秋海棠在不利的环境中改变自己，让绿光变废为宝，把坏事变好事，是不是很厉害？现在，让我们回头看它亮蓝色的叶子，是不是在美丽之外，感受到了别样的坚韧呢？

蜡梅说，我真的不是梅花

在北方，一月份是很萧索的，我们很少能看到绿色。不过，就算是枝头顶着雪花，屋檐挂满冰凌的时候，依然有植物送来幽幽花香。蜡梅和梅花就是其中的代表。

名字都有“梅”，差别可大了

“墙角数枝梅，凌寒独自开。遥知不是雪，为有暗香来。”很多小朋友都背诵过王安石的这首《梅花》吧？从这首诗里，我们可以得到三个关键的信息。第一，梅花开的时候，天气依然很冷。第二，梅花通常是雪白色的。第三，这些花朵很香。这些虽说都是很明显的特征，但不足以让大家把梅花和蜡梅区分开来——原因也很简单，它们都在早春绽放，开花的时间实在是太接近了；名字里又都有个“梅”字。

可是，这两种叫“梅”的植物，差别可太大了。

我们首先说蜡梅。很多人会把它的名字写成“腊梅”，腊月的腊，即便是在网上搜索，也有很多文章使用这个名字。据说因为这些花在寒冬腊月开放，因而得名“腊梅”——听上去也有几分道理，甚至《现代汉语词典》里也肯定了“腊梅”这个名字。然而“蜡梅”

这个名字其实来源于花瓣的质感，因为和蜜蜂修建蜂巢的蜜蜡很像，所以得名“蜡梅”。

蜡梅是蜡梅科的代表，它们的花朵上没有明显的花瓣和花萼之分，都是层层叠叠地覆盖在一起，说明蜡梅更接近原始的花朵。虽然如此，但是为了吸引传粉的昆虫，蜡梅

可是不遗余力。你看它们蜜蜡似的花瓣基部都有紫色的斑点，那其实就是给昆虫们的指示标志，就像是在大声对昆虫喊：“这里有食物，快来享用吧！”当然，在享用花粉花蜜的同时，昆虫们也就给蜡梅传播花粉了。

而梅花则要精致许多。最原始的梅花有五片花瓣和五片花萼。那些花瓣层层叠叠、密密匝匝的重瓣园艺品种，是在人类的有意培植下，基因发生突变的结果。此外，梅花的花蕊可要比蜡梅多得多。

蜡梅的果子：千万不要吃！

蜡梅和梅花还有一个很大的区别：梅花结出的果子是可以吃的——虽然用作赏花的梅花并不擅长结出好吃的果子，但毕竟是可以入口的。可是，蜡梅的果子就没有那么友善了。蜡梅果里面含有蜡梅碱，这可是一种能让动物心脏停搏的有毒物质！因此，好奇的小朋友们可千万不要打这些果子的主意啊。

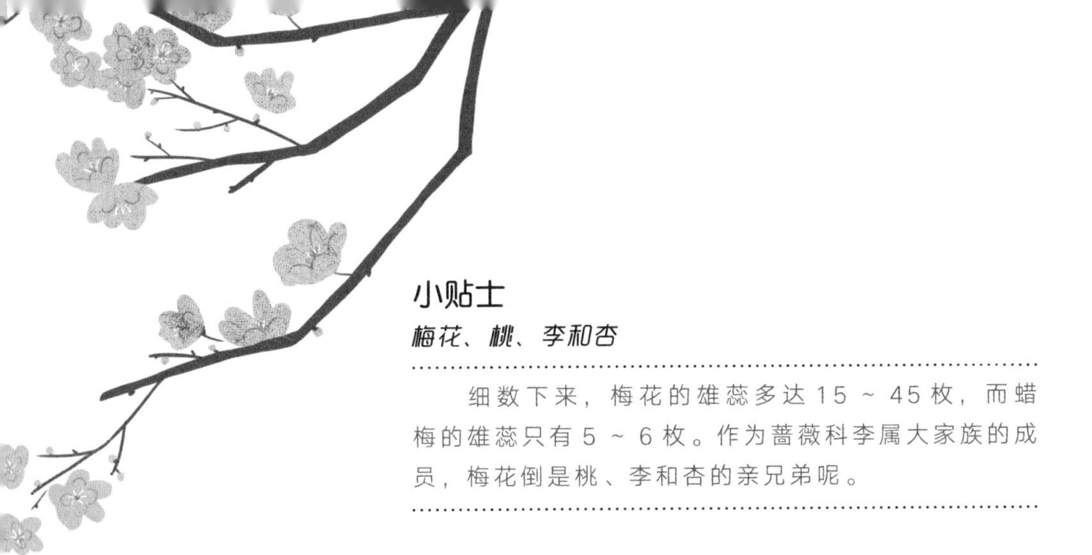

小贴士

梅花、桃、李和杏

细数下来，梅花的雄蕊多达 15 ~ 45 枚，而蜡梅的雄蕊只有 5 ~ 6 枚。作为蔷薇科李属大家族的成员，梅花倒是桃、李和杏的亲兄弟呢。

早春开花：聪明的好主意

蜡梅和梅花都为刚刚经历了严冬的大地增添了色彩和生机。那么，蜡梅和梅花为什么要选在环境如此严酷的时候开放呢？难道仅仅是为了装点大地吗？

其实，选择这时候开花，蜡梅和梅花可是有着自己的小算盘。最重要的理由就是：这个时候昆虫们没有太多的选择，只要有花能提供花粉和花蜜就满足了，在饭桌上绝对不挑三拣四，肯定会兢兢业业地帮助蜡梅和梅花传播花粉（当然也“顺便”吃了很多花粉）。

虽然蜡梅和梅花在冬天绽放花朵，看似经受着严寒的折磨和考验，但其实得到的好处更大，因为这时传播花粉的效率可是非常高的。

05

薄荷：牙膏味儿的小香草

每天刷牙的时候，一股冰凉的感觉就会在嘴里弥漫开来，伴随而来的是一种牙膏的特有气味。虽然有时也伴着草莓、柠檬、甜橙之类其他口味的掩饰，但那种凉凉的、清新的牙膏味儿仍旧能穿透我们的神经。这种味道对人的影响极深，以至于很多人第一次吃到薄荷的时候，都会感叹一句：“这不就是牙膏味儿吗！”

给薄荷来张“标准照”

在过去很长很长的时间里，对于大多数国人（特别是北方人）来说，薄荷都只是一种传说中的植物。如今，在口香糖的包装上，在绿茶饮料的宣传片中，甚至在花卉市场都能看到叶子皱巴巴的“薄荷”，这种清凉植物一下子进入了人们的视野。

但是，要注意了——这种叶子皱巴巴的植物并不是真正的薄荷，它的名字叫皱叶留兰香。真正的薄荷叶子要平展许多，也没有皱叶留兰香那么浓郁的气味。

薄荷并不是一种单一植物，薄荷属的三十多种植物都可以称之为薄荷，这其中就包括了薄荷、皱叶留兰香、柠檬薄荷、胡椒薄荷等。它们广泛分布于北半球所有大陆，很早就被应用到了食品、饮料和化妆品之中。

作为唇形科的植物，薄荷家族的植物也有自己的特征。它们的茎秆不是我们熟悉的圆柱形，而是四棱的；它们的叶片，是成对生长在茎秆上的（叶对生）；当然，它们都有薄荷味儿。

薄荷家族成员的叶子都会或多或少给人清凉的感觉，这种特殊的感觉主要来源于其中的薄荷醇和薄荷酮类物质。有些薄荷还有自己的个性，比如胡椒薄荷含有胡椒酮，这让它带了一点辛辣味，所以得到了这个有趣的名字。

薄荷叶的清凉味儿

薄荷醇之所以让我们有清凉的感觉，并不是因为它们能吸收热量，降低周围的温度——要是不信，可以用温度计测测牙膏溶液的温度变化。

让我们感受到清凉，不过是薄荷醇的一个小把戏而已。我们之所以可以感受到低温寒冷，全都是因为皮肤和口腔中的“寒冷感受器”——那是一种叫作 TRPM8 的神经受体。

实际上，TRPM8受体还有另外一个更直白的名字叫“寒冷与薄荷醇受体1”。从这个名字我们就可以看出，它最主要的功能就是接收寒冷的温度刺激和薄荷醇的刺激，让机体产生冷的感觉。

除了让我们感受到清凉，薄荷醇还有促进毛细血管扩张、抗炎镇痛的作用。不仅如此，薄荷醇还能帮助一些药物成分更好地进入我们的皮肤。因此，在一些止痒镇痛的药膏中，我们也能发现薄荷醇（薄荷脑）的身影呢。

小贴士

为什么辣椒吃起来辣辣的

顺便说一句，辣椒带给我们火辣辣的感觉，也不是因为辣椒带来了高温，而是辣椒中的辣椒素在刺激我们相应的神经受体，让我们体验到像被开水烫到一样的感觉。

阳台上的薄荷园

其实要想随时体验薄荷的清凉味儿也不难。在阳台上种上一盆，不仅能看到浓浓的绿意，还能给爸爸来杯薄荷柠檬茶，给妈妈炖的牛肉汤里添点不一样的味道。那些被掐了尖的薄荷，不但不会一蹶不振，反而会更加茂盛起来—— 去掉了一个顶芽，又会有三两个侧芽从下面的茎秆上冒出来。

其实，这是因为侧芽一直受到顶芽的“欺压”。顶芽分泌的激素“生长素”会抑制侧芽生长（很有趣吧，高浓度的生长素反而会抑制生长）。一旦顶芽被掐掉，对侧芽的抑制也就解除了，侧芽自然会疯长了。

薄荷的繁殖方式非常有趣，不用开花，不用结果。当它们的枝条伸长的时候，只要把这些枝条压在土里，就能长出新的植株了—— 这就是我们通常说的“克隆繁殖”。虽然动物的克隆依然犹如神话，但是植物的克隆早就存在上亿年了。

薄荷能够驱蚊么?

薄荷有很浓烈的香味。有种说法是,这种香味可以赶走讨厌的蚊子,这也是目前薄荷盆栽的一大卖点。

可是,诸如薄荷醇、薄荷酮之类的物质并不是随便就能释放出来的,只有薄荷的叶子在受到昆虫啃食或人类揉搓的时候,才会大量释放那些薄荷味的物质。

在亿万年的生命进化中,植物已经学会了对那些不啃花叶的蚊虫不闻不问。依靠薄荷把家中的蚊子都赶出去,只是人们的美好愿望罢了。

06

苍耳妈妈有办法，不仅给孩子准备了盔甲，还有毒药！

有时候，不得不佩服植物的智慧——植物妈妈们为了让自己的种子宝宝们能有更好的生存空间和生存能力，不但准备了降落伞啊、翅膀啊……各种各样的交通工具，还有五花八门的护身绝招。其中，苍耳妈妈就给孩子们准备了满身的小尖刺挂钩，把它们打扮成植物界的小刺猬。

不过，可别小看这些“小刺猬”，它们可是植物界名副其实的“小霸王”呢！

周游世界的旅行家

苍耳这东西其实挺好辨认的，像缩小的橄榄球一样，全身都是带钩子的小刺，如果挂在动物的皮毛或人类的衣物上，就很难取下来。正是依靠这种技能，苍耳可以极大地扩展自己的生活区域，动物、人类，甚至汽车轮胎，都是苍耳果实特别喜欢的旅行工具。

可以说，苍耳在全世界许多地方的田野里都能愉快地生长，这从它们不同品种的名字里就能看出来：猥实苍耳、西方苍耳、意大利苍耳……猥实苍耳原来的名字是美国苍耳，也是苍耳的一个变种。

苍耳抢地盘的能力和随遇而安的生存能力实在是太强了。就拿意大利苍耳来说，20 世纪末在我国北京郊区第一次发现了它们的身影，到 2008 年的时候，它们的地盘就已经扩张到辽东半岛和山东半岛了。

名副其实的“小霸王”

虽然苍耳是菊花家族的成员，但是苍耳不像菊花那么温柔，所有苍耳属的植物都是农田里的“小霸王”。

为什么这样说呢？苍耳不仅可以抢夺大豆和玉米的营养和水分，还准备了很强大的化学武器来取得竞争优势。它们的根系和腐烂的枝叶都可以释放出化学物质，能抑制大豆和玉米发芽。这些“小霸王”是不是很强大呢？

仅仅是营养抢得快，腿长跑得远，还不足以成就苍耳的霸业。苍耳还要装备对付动物的武器——毫无疑问，苍耳果子的带刺铠甲就足以打消所有动物吃它们的念头。

不光如此，苍耳还有对付动物的毒药，那就是一种叫“苍耳苷”的物质。这东西可不简单，吃下去一个小时之内就会起反应，恶心呕吐都是轻的，苍耳苷还会引起肌肉震颤，同时会让心脏越跳越慢、越跳越轻……如果不及时抢救的话，那就有生命危险了。

要记住，苍耳从上到下、从里到外都是有毒的，尤其是种子和幼苗，吃了以后中招的可能性极大。可能会有小朋友说，有谁会傻到去吃那个带刺的种子呢？不过，在我国传统医学中，苍耳的果实却是一味药物——苍耳子。在不了解药理的情况下，不排除真的有人想用这个东西治病，结果却吃到中毒……所以，对待苍耳一定要小心小心再小心！

爱惹麻烦的苍耳也能出好主意

听起来，既有尖刺又有毒药的苍耳，成了牛不吃，羊不闻，人类也要躲着走的入侵植物。但事物都有两面性。苍耳带给人类一项经典的仿生学设计，就是现在被广为使用的魔术贴。魔术贴也叫“子母扣”“尼龙粘扣”，是现在特别常用的一种材料。魔术贴一面是细小柔软的纤维，另一面是较硬带钩的刺毛，就像苍耳的小钩刺。

魔术贴的灵感来源于瑞士工程师乔治·德·梅斯特拉尔遛狗时的经历。每次他带着爱犬走过一片生长着苍耳的绿地，狗狗身上经常会粘着不少苍耳的果实。经过仔细观察，梅斯特拉尔发现苍耳的果实上有很细小的“钩子”，小钩刺会与柔软的狗毛绞在一起，因而很难从狗身上摘下来。他对这两种自然界中的结构进行模仿设计，魔术贴于是就诞生了。

其实生物并没有好坏之分，只是看它是否被放对了位置而已。

07

某一天，蒲公英会被人类吃灭绝吗？

蒲公英是一种非常可爱非常常见的植物，可以让我们玩小伞兵，还可以喂蚕宝宝。除了好玩、有用，还有人特别热衷于吃蒲公英，人们认为它是一种特别健康的野菜。

你有没有觉得现在的蒲公英越来越少了？会不会在以后的某个瞬间，它从地球上消失了呢？

蒲公英真的不止一种

说起蒲公英，并不是单指一种植物，而是对一个家族的称呼。全世界的蒲公英属植物加起来，一共有 2000 多种。我们在草地上看到的蒲公英，很可能是很多个物种。

虽然大小和形态有所不同，但蒲公英家族有一个共同特征，那就是它们的生命力超级旺盛，堪称植物界的“小强”。举个例子吧，单单就繁殖这件事儿，蒲公英可以异花授粉、自花授粉，还可以无融合生殖——意思是不接受花粉，只要有雌花就能结出果子（种子）。相当于只要有妈妈，不需要爸爸，就能生个小宝宝。这本事，真的是无草能及啊。

但是，再厉害的植物也抵不过人类的小铲子。无数蒲公英还来不及散播自己的小伞兵，就成了餐桌上的野菜，但是这种野菜真的好吃吗？

蒲公英真能“去火”吗？

吃过蒲公英的朋友肯定对它们的滋味印象深刻，那是一种超级苦的味道，介于药汤和橡胶的味道之间。这种味道，想起来舌头都有点发麻。有些人为了减轻这种苦味，想出了先焯水再凉拌或做馅儿的办法。但是说实话，蒲公英的味道远不及市场上的那些普通蔬菜，跟它的表兄弟——油麦菜和生菜无法相提并论。

既然不好吃，那为什么还有人要吃呢？

有人认为，吃蒲公英对身体有益，特别是它的苦味可以“去火”。其实这又是一个玄而又玄的说法，所谓的火气，不过是一堆身体不适症状的通称，比如毛囊发炎、牙龈肿痛、便秘口臭，这些都算上火。那吃蒲公英能解决这些问题吗？显然不能！

就目前来看，蒲公英所含的化学物质，顶多有一些抑制细菌生长的作用。除此之外，它再没有什么值得称道的功能了。蒲公英根本就不是什么万用仙丹。

小贴士

异花授粉和自花授粉

很多植物像我们人类一样，有妈妈（雌蕊）也有爸爸（雄蕊）。雌蕊提供胚珠，雄蕊提供花粉，两者结合就形成了种子。大多数植物的花朵中既有爸爸（雄蕊），也有妈妈（雌蕊），也就是说，同一朵花自己就可以产生种子，这种情况就叫“自花授粉”。如果一朵花产生的花粉，必须去找另一朵花的雌蕊，才能产生种子，那就叫“异花授粉”了。

植物会被吃灭绝吗？

世界上被人类吃绝种的物种着实不少，最典型的例子就是旅鸽。这是一种曾经广泛分布于北美的鸟类，数量一度达50亿只！但是鸟儿再多，也敌不过人类的贪婪。从1805年到1912年，在短短100多年间，旅鸽竟被人类吃得干干净净，一个活口也没有留下。

因此，如果有一天，蒲公英从我们身边消失了，这一点儿都不让人意外。

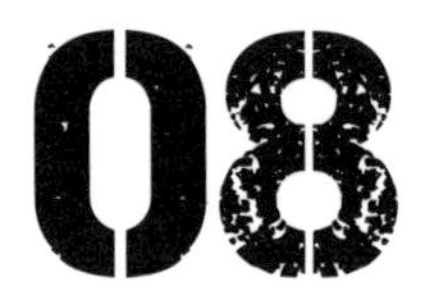

野菜中居然有天然毒药！你还要挖吗？

现如今，人类的种植能力越来越强了，连雪花飘飞的冬天都可以种出草莓来。尽管营养丰富的蔬菜早就在菜市场等着大家了，有些人还是对田野路边的野菜充满了向往，因为有种说法流传甚广：“人工种植的蔬菜，有化肥，有农药残留，有转基因！这些都对人体大大地不利！所以，只有纯天然的，才是最好吃、最健康的。”这是真的吗？

野菜真的是 100% 最安全最健康美味的蔬菜吗？我们不妨来说说野菜中潜藏着的风险。

野菜的第一大武器：生物碱

“生物碱”这类毒素种类繁多，作用也非常复杂。我们经常能碰到的是茄科植物的龙葵碱（比如俗称甜茄的龙葵），还有百合科植物（比如萱草属的各种野生黄花菜）的秋水仙碱。

通常来说，这些生物碱并没有特殊的苦涩味，偶尔给舌头带来的麻味儿，也很容易与调料中花椒的麻味儿混淆在一起。于是，很容易就被吃下肚了。直到出现恶心、呕吐、呼吸困难等症状，才发现自己中招了。

生物碱的毒性可不容小视。比如，龙葵碱会抑制我们中枢神经的活动，并且起效极快，如果不及时就医，很可能会有生命危险。而秋水仙碱更是会影响细胞的分裂过程，甚至会造成组织坏死。要知道，200 毫克的龙葵碱就可以让人中毒，而只需要 40 毫克秋水仙碱就能将一个 25 千克的人杀死。更毒的是乌头碱，3 ~ 5 毫克就能取人性命。2010 年，新疆托里县的 6 名工人将乌头误作野芹菜食用，结果他们都中毒身亡了。

野菜的第二大武器：氰化物

比起生物碱来说，野菜里的氰化物也超级危险！

我们经常在蕨菜和野杏仁中发现这种物质。相对于生物碱，氰化物通常有更强的迷惑性——它们通常是以糖苷的形态存在的，这个时候是没有毒性的。一旦进入消化系统，分解之后就会变成可怕的氢氰酸，这种化学物质会让动物细胞喘不上气来，最后致使整个人体都停工了。到这时，中毒就不可逆转了。50 ~ 100 毫克氢氰酸就可以致人死亡，这只是相当于吃下二三十颗苦杏仁而已。蕨菜中的氰化物一样凶猛，如果不及时处理，一样会有生命危险。

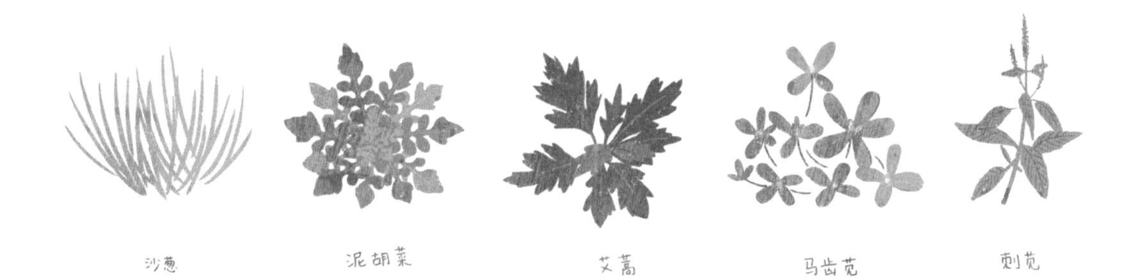

野菜的第三大武器：品种繁多的小众毒素

与生物碱和氰化物相比，木藜芦毒素要算是小众毒素了。它们通常出现在杜鹃花等杜鹃花科的花朵之中。在百花盛开的春季，大家很有可能经不住大朵杜鹃花的诱惑，旺火快炒，大快朵颐，结果就中招了。食用过多时，就会引发抽搐、昏迷，甚至死亡……所以，品尝春天的滋味还是要适可而止。

酚类化合物出场的机会比较少。我们平常碰到的就是漆酚和棉酚这样的物质。如果哪天有人向你的爸爸妈妈推销天然的棉籽油，你可要小心了，那些油料中就含有棉酚，那可是会引发严重过敏反应的物质。这样的"纯天然"，不要也罢。

现在你知道了吧？纯天然的野菜未必安全，尝尝鲜即可，可不要盲目多吃哦。

09

喂，120吗？有人被树叶砸晕了！

你喜欢用树叶做书签吗？不过，并不是所有树叶都能被夹进书里。有些体形可观的树叶能给人一万点暴击，直接就能把人砸晕。

什么树叶如此厉害？我们为什么会在城市里种植这样危险的植物呢？

其实，城市路边的“行道树”选择可是大有学问，可不仅仅是增添绿色那么简单。

城市绿化的第一阶段：长得飞快的速生树种

城市绿化的第一阶段目标，就是让城市穿上绿衣裳。

比如在城市建设初期，泡桐和毛白杨就是北方大部分城市的选择。原因没什么特别的，就是因为它们长得够快——一人高的泡桐树苗，只要两三年时间就可以蹿到五六米，堪称速生树种里的佼佼者。很快，这些新道路和新校舍就有了绿荫。

在 20 世纪八九十年代之前，泡桐和毛白杨几乎是我国北方绿化的主力树种，也几乎是当时“植树造林”的代名词；而在南方区域，各种棕榈和榕树就成了首选，不仅绿意盎然，还能营造出一些热带风情。但是这样为了追求绿化速度的应急处理，随着时间的推移，逐渐显现出了弊端。

小贴士

速生树种

顾名思义，速生树种就是那些在相同时间和相对适宜的条件下，长得快并且成熟快的树种。像毛白杨，只要四五年就可以成材使用了。而海南黄花梨，至少要生长百年以上才可用。

城市绿化的第二阶段：爱惹麻烦的树木不能要

人类对于城市绿化和城市建设的理解是逐渐加深的。城市绿化的第二阶段目标，就成了“安全和美观，两者不可少”。

为什么会有这样的变化呢？因为之前栽种的那些树木给人类惹了不少麻烦，比如树叶能把人砸晕的大王椰子树——它们的一个叶片就长达三四米，重达十几斤。这样一片叶子砸到人的脑门上，不晕才怪。

更麻烦的是，很多植物的繁殖行为也给我们带来了不少烦恼。比如一到春天就使劲释放杨絮的杨树家族。这些杨絮的纤维很短很细，足以袭扰人类的免疫系统，打喷嚏、流眼泪都是轻微症状，严重时还会引起哮喘和皮肤红肿呢。

城市绿化的第三阶段：绿化带也是动物的家

当人类越来越意识到保护环境、多物种和谐生活的重要性时，城市绿化的目标发展到了第三阶段——绿化带也要成为野生动物的家园。我们都不想把城市变成钢筋混凝土的森林，都希望多一点动物生活在我们身边。有朋友说，这个简单，我们多种树种草不就好了嘛！这个想法很美好，但实际操作可不简单。

要想让动物们在城市绿地安家，“食物”和“居所”都必不可少。如果绿化带里只有泡桐和柳树，那各种动物可就只能饿着肚子干瞪眼了，总不能让松鼠和喜鹊们去吃杨絮吧？倒是像玉兰、桑树、山楂、柿树、山杏、山桃、忍冬等这些植物，既可以提供花朵和果实，又可以为鸟兽提供歇脚睡觉的地方——将不同种类的树木有机搭配，才是经营城市生态系统的可取做法。

说起来，在城市里种一棵“正确”的树还真是不容易。我们不妨向园林工作者致敬，也要记得好好珍惜和保护城市绿化里每一个绿色的生命啊。

10

关于柴火的二三事

中国人说“开门七件事，柴米油盐酱醋茶”，我们每一天都要跟这些事情打交道，只要张嘴吃饭，就不能少了它们。虽说今天的家中已经少有柴火灶，但是要想吃正宗的烤鸭，还是少不了柴火。

爆炒鸡丁的出现，是因为缺少烧火的木头

在人类刚刚学会用火的时候，世界上到处都是可以用来烧火的木头，随便捡点来烧就好。火的使用大大改变了人类的食谱，那些不容易消化的粮食种子变成了可口的米粥和爆米花，那些带着寄生虫的牛羊肉变成了美味安全的烤肉。

到了宋朝的时候，随着人口数量的增长，砍柴变成了一件越来越困难的事。村庄周围的柴砍光了，身居山区还可以上山砍柴，但是在城市和平原居住的人又该怎么办呢？没有柴火，家里的饼子都烤不熟了。

还好这个时候制铁技术大大进步。这种金属不再是军队专有的兵器原料，普通百姓家也用上了铁锅。把农田里收回来的稻草秸秆塞进铁锅下的灶膛，把食物切成小块在锅里快速翻动，很快就做熟了——这就是“炒”的起源。

相反，对于人口稀疏、燃料丰富的西方人来说，一直都没有“炒”这种应对燃料匮乏的烹饪技艺。

山楂树是用来烧火的

当然，中国人的智慧不仅仅在节约，还在开源。没有柴火，我们可以自己种，比如说种山楂。对，就是那种可以串糖葫芦的山楂。

在中国，山楂的使用历史已经超过2000年，在《尔雅》《山海经》中都有记载。不过，中国古代的山楂树不是果树，也不是爱情象征，而是用来烧火做饭的废柴。在《齐民要术》中，对山楂的描写是这样的："杌……多种之为薪。"这里的"杌"就是中国古人对山楂的称呼。在李时珍的《本草纲目》中，山楂第一次被编入了果部，这才有了水果的身份。

无独有偶，在西南边陲的西双版纳，当地的傣族同胞也用种树的方法来维持自己的烹饪习惯。栽种的树叫铁刀木，这种树有很强的萌发能力，砍掉枝干之后，用不了多久就又会萌发出新的枝干。所以在每个傣族的村寨旁都会有一片铁刀木林，专门提供柴火。

烤鸭的果木香味

今天，烹饪时使用柴火的地方越来越少，烤鸭就成了少有的、必须使用木柴来烹饪的美食。

北京烤鸭与南京盐水鸭一脉相承，在明成祖朱棣迁都北京之后，也把南京的很多东西都搬到了北京，包括盐水鸭。经过改良之后，盐水鸭变成了我们今天吃到的北京烤鸭。北京烤鸭的特别之处，是要使用桃、梨、樱桃这些果木来烤制，好让鸭子肉带上特别的果香气。

不同的木材有不同的气味，比如说紫檀木的香气，樟木的樟脑丸气味……实际上，这些气味是树木为了保护自己不受害虫和真菌侵袭的武器，却也成为人类生活中的好帮手——比如像檀香那样提神醒脑，像樟脑那样保护衣物，或者为北京烤鸭增添别样的风味。

11

植物也会“出汗”

炎炎夏日，踢完一场球赛，每个队员都已经是汗如雨下。如果这个时候，能在树阴下乘凉，那可是再舒服不过了。不过你知道吗？我们之所以能在大树下享受阴凉，也是因为大树在出汗降温呢！

每时每刻都在出汗

我们都知道，人体要一直保持相对稳定的温度。

一旦体温上升，大脑就会发出“赶紧出汗”的指令，这时所有汗腺开始工作，汗水就从毛孔里冒了出来，以达到降低体温的目的。大树们的汗水，通常是从叶片的气孔里冒出来的。不过，大树们出汗可不是为了降低温度，而是为了运输养料。

我们都知道，植物的根会吸收养料和水分，但是你有没有想过，植物是怎么把这些物资运输到十几米甚至上百米的树梢的呢？想想看，如果你家住在十楼，正好停水了，你要花多大的力气才能把一小桶水从一楼送到家里呢？

起初人们认为，大树是通过“毛细作用”来“提水”的。所谓毛细作用，简单来说，就是水会顺着很细很细的管道向上“爬”。我们可以用一个比较细的玻璃管体验一下，玻璃管越细，水爬得就越高。可是，经过计算发现，以大树输送管道（维管束）的尺寸产生的毛细作用，根本无法把水分送到几十米高的地方。

实际上，大树使用的还真是“水泵”——它们就是枝干顶端的那些叶片。叶子通过不停地向空气中释放水汽（这个过程被称为“蒸腾作用”），迫使树干维管束的水分前来补充，这样节节传递，就像是把树根吸收的水分给抽了上来。因为跟蒸腾作用有关，这种特别的提升力被称为“蒸腾拉力”。不过，这个供水系统究竟是如何维持常年运转的，为什么会产生如此巨大的拉力，到目前还是个谜。

植物究竟一天要出多少汗

盛夏时节，每公顷加拿大白杨林每天都要从土壤中抽取出50吨水贡献到空气中去。对于白杨这样的阔叶树来说，从根部吸进水分的99.8%都要蒸发掉，只有0.2%用于光合作用；在它们生长的过程中，要形成1千克的干物质，大约需要从土壤中抽取300千克～400千克的水释放到空气中！相对来说，针叶树要节俭得多，每公顷油松每个月只需蒸腾掉50吨左右的水。

可以肯定的是，大树“出汗”会带走很多热量，所以我们才能享受到凉爽的树阴。出汗多的杨树林比松树林更凉爽，就是这个原因了。

满头大汗的滴水观音

“蒸腾”这种出汗现象虽然经常进行，但是排放到空气中的水蒸气却是无色无形的。不过稍加留意就会发现，有些植物真能汗流浃背呢。

这些植物里面，最典型的要数滴水观音（天南星科海芋属）了。这种植物，在潮湿的早晨，我们能看到有水珠从它们的叶片上渗出，滴水观音也因此得名。科学家们给这种出汗过程起了个名字，叫“吐水现象”。除了滴水观音，番茄、小麦、燕麦等植物也都存在吐水现象。

像我们人类的汗液一样，这些植物出的汗，主要成分就是水。除了水，这些“汗水”中可能还溶解着一些其他成分，比如在针对小麦等作物幼苗的实验中就发现，这些水滴中含有糖（主要是葡萄糖）、氨基酸（主要是天冬氨酸和天冬酰胺）和矿物质。当然，这些成分的含量非常少，几乎可以忽略不计了。

为什么植物要吐出这些对自己很重要的水，把水分白白浪费掉呢？实际上，吐水现象是植物的一种正常生理活动。这主要是因为植物在潮湿的环境下，蒸腾作用会大大减缓。为了保证植物体内的水分平衡，必须把多余的水分从叶片上排出去。

除了“出汗”，湿热地区的植物叶片还自己配备了“速干装置”。因为在这些地区，叶片如果长时间处于湿润状态，就很容易被真菌感染。于是，生长在这些地区的植物，都会有修长的尖端——叶尖。其中，以菩提树的叶尖最为明显。这个叶尖的功能就是让水分尽可能快地聚集在这里，并滴落到地面上去，这称得上是高效的“速干装置”了。

看来，热带的植物跟热带的人一样，都是喜欢出汗的。

12

真圣诞树 VS 塑料圣诞树，哪个更环保？

每年的 12 月 25 日，是西方重要的传统节日——圣诞节。不知道大家还相信圣诞老人和驯鹿雪橇的故事吗？不管信不信，对小朋友来说，圣诞节最愉快的时刻，大概就是在美丽的圣诞树下找到包装精美的礼物吧。

现在大家都知道要爱护树木，保护森林。制作圣诞树，也从砍伐真正的植物变成用塑料的圣诞树来代替。不过，使用塑料圣诞树确实更环保吗？

姗姗来迟的圣诞树

关于圣诞树最早的记载出现在公元16世纪，那已经是耶稣出生1500年之后的事情了。1570年，德国不来梅市工业协会的年册上，第一次出现了关于圣诞树的报道：大人们将一棵冷杉树，用苹果、坚果、椰枣、饼干和纸花等装饰，树立在工业协会的房子里，来取悦圣诞节搜集糖果的、工业协会成员的孩子们。

后来，这个美妙的主意被人们竞相模仿，树上的装饰挂件慢慢变成了铃铛、雪花、小礼物，还有彩灯。既然是娱乐道具，也就没有什么种类限制——因地制宜，松树、杉树都可以拿来用。

担任圣诞树的主力成员

在人类历史上，被用作圣诞树的植物非常多，人们通常是就地取材。后来，圣诞树的重任落到了松科云杉属和冷杉属的一众植物身上，特别是冷杉属的植物后来居上，成为圣诞树的主力成员。

冷杉属和云杉属的成员们之所以成为圣诞树的主力，是因为它们的“固发”工作做得比较好。叶片不仅能保持青翠，还能长时间挂在枝条之上，适合长期摆放。只要有足够的存储空间，甚至第二年还可以用。

目前，商业种植的圣诞树主要是冷杉属的植物（包括银冷杉和加拿大冷杉等）。一方面是因为它们能保持翠绿的枝叶，另一方面是因为这些植物的

气味清新宜人，能让大家愉快地度过圣诞节。

如今，圣诞树的种植和商业销售已经成为一门大生意。仅仅在美国，每年圣诞节就要消耗 3300 万 ~ 3600 万棵圣诞树；同一时间在欧洲，需求量高达 5000 万 ~ 6000 万棵——如此强劲的消费需求催生了圣诞树林场——没错，就是专门“以生产圣诞树为目标”的特别林场。早在 1998 年，美国就已经有 1.5 万个圣诞树栽培商，大约三分之一是“现选现砍”的农场主；而在同一年，美国人在购买圣诞树这个项目上花费了 15 亿美元！

通常来说，圣诞树林场会选择适合的冷杉和云杉树苗进行漫长的培育，从树苗长成到可以采伐的树木，大约需要 6 年的时间。

没想到！真圣诞树更环保

采伐冷杉作为圣诞树，看起来是个不太环保的行为，但是很少有人会注意到，这种行为比使用塑料圣诞树更为环保。

2013 年，英国研究人员对两种类型圣诞树的生产、运输和销售过程中产生的碳排放进行对比分析，结果发现：消费一棵真的圣诞树，平均会产生 3.5 千克二氧化碳；而消费一棵同等大小的塑料圣诞树，则会产生 48.3 千克二氧化碳。

虽然塑料圣诞树可以反复使用，但至少要重复使用 12 次以上，才能与天然圣诞树的二氧化碳排放量持平……恐怕很少会有家庭能在 12 年后再翻出家里那棵古董圣诞树吧。

另外，在圣诞树的栽培过程中，利用的是大气中的二氧化碳，并且会把这些二氧化碳暂时固定在树木体内。从这个角度来讲，使用真的圣诞树，反而是更环保的一件事情。

13

种树能与保护自然环境画等号吗？

我们知道，每年的 3 月 12 号都是我国的植树节，积极鼓励大朋友和小朋友们植树造林。我们经常把“种树”这件事等同于保护自然、播撒希望，但事实却没有这么简单。

有时，种树可能会浪费宝贵的地下水资源

种树一个相当重要的目的，就是保持水土。实际上，像白杨这样的阔叶林可不会节约用水！它们用起水来阔绰得很，比如在前面文章中提过的加拿大白杨林。夏天时，每公顷加拿大白杨林每天要从土壤中吸取出 50 吨水“贡献”到空气中去，其中从根部吸进水分的 99.8 % 都要蒸发掉，只有 0.2 % 用作光合作用。在它们生长过程中，要形成 1 千克干干硬硬的树干，大约需要从土壤中抽取 300 千克 ~ 400 千克的水释放到空气中。

相对来说，针叶树要节俭得多，每公顷油松每个月只需蒸腾 50 吨左右的水。即便如此，在干旱地区获得这些水也是个“不可能的任务”。本来当作水窖请来的绿树反而成了加湿器，不但不能涵养土壤水分，反而会浪费宝贵的地下水资源，你没想到吧？

有时，绿色并不代表着生命

肯定有人要问了：干旱地区种树要挑品种，那么，至少在雨水充沛的地方，只要种树就都可以让荒山披绿装，再现盎然生机吧？

实际上，目前在雨水充沛地区种植的人工林，大多是橡胶树、桉树等与经济相关的树种。虽然能让荒山换新颜，但是它们吸引和留下鸟兽的功夫着实不高明。

举个例子：一般来说，生活在人工桉树林中的脊椎动物，种类和数量仅为混交林的 1/7 左右，甚至还不够裸地动物总数的 1/5！桉树是这里的统治者——它们抢占了土壤，遮蔽了天空，还能从根系中分泌化学物质，抑制其他植物的生长，只有寥寥几种草本植物能在这里隐忍生存。

小贴士

什么是裸地？

生态意义上的裸地，是指没有森林覆盖的土地，但是会生长地衣、苔藓等植物，也可以保证动物的生存。

没有了合适的草，自然不会有以草为食的昆虫；没有了昆虫，自然不会有以此为生的鸟兽了。

橡胶林的状态更是有过之而无不及，以至于有人这样评价橡胶林——那不过是绿色的沙漠罢了。如果大家去西双版纳的橡胶林中闲逛，放眼望去，都是整齐的橡胶树。没有鸟叫，也没有虫鸣，只有白色的汁液从刀口处渗出来，一滴一滴地流入胶桶。除此之外，没有任何的声音。虽然到处都是郁郁葱葱的橡胶林，但在这里，绿色并不代表着生命。

小贴士

为什么要固定二氧化碳？

如果大气中的二氧化碳过多，就会加强温室效应，在短时间内带来气候的巨变。到了那时，地球就不适合人类生存了，所以最好让碳都固定在土壤中。

种树在于选品种

那么，种树就失去意义吗？当然不是。

为了改善地球环境，科学家们正在尝试培育二氧化碳固定能力更强的植物，像芒草这样有着庞大根系的植物就是首选，因为它们的根系可以将碳固定在土壤中达数千年。

至于说治理沙漠，我们还要求助于那些“沙漠土著树种”。毕竟上百万年的进化历程，使它们积累了对抗干旱风沙的宝贵经验，像沙柳、胡杨这样的土著植物在沙漠生态治理中正发挥着越来越重要的作用。而一些储水物质的研制，也为它们在沙漠中扎下根提供了有力的支援。

保护现有的植被，要比重新植树来得容易。我国 90% 以上的新增的沙化、荒漠化土地，几乎都与过度开垦和放牧等人为因素有关——保护老住户比招揽新房客更重要。如果我们能尊重一下大自然，那么它依然会笑脸相迎的。

饭粒们的前世今生

我们的饭桌离不开植物的种子——米饭、馒头、面条……没有一样不是来自植物的种子，甚至连可乐的甜味都是从植物种子里面来的。

可是，你知道它们的身世吗？小麦有个乱家谱，水稻有颗中国心，玉米居然能变糖浆……我们来聊一聊这些普通而又特别的种子吧。

身世最复杂的种子——小麦

小麦就像是中国北方的代表粮食：馒头、面条、饺子，皆因小麦而生。

不过，小麦可是个标准的外来物。早在7000年前，中东地区的人们就开始收集和种植小麦了，不过那并非我们今天吃的普通小麦，而是野生“一粒小麦”。跟现在的小麦相比，“一粒小麦”的产量就比较抱歉了。不过，有总比没有好。

在后来的种植过程中，“一粒小麦”与田边的“拟斯卑尔脱山羊草”杂交出了“二粒小麦”。细心的农夫把这些籽粒更饱满的种子收集起来，并开始种植。再后来，不安分的“二粒小麦”又与田边的“粗山羊草”交流了一下“感情”，于是它们的爱情结晶——真正改变世界食物格局的普通小麦诞生了。

大约在4000年前，小麦就进入了我国新疆，但它进入中原又是在那1000年之后的事情了。更有意思的是，小麦传进来了，但是小麦粉的加工技术却还留在了中东老家。所以，很长一段时间里，中国人吃的都是蒸熟或煮熟的小麦粒。

最中国的种子——水稻

虽然不同品种的大米口感、味道都有不同，但在绝大多数情况下，我们吃到的米饭都来自“亚洲栽培稻”。当然，如果大家有机会深入非洲，还有可能吃到它的兄弟“非

洲栽培稻”的籽粒。不过，后者的产量和种植面积都不及前者。如今，亚洲栽培稻大有一统江湖之势。

在基因组检测技术诞生之前，面对纷繁的稻米品种，连分类学家都搞不清它们之间的关系。没办法，圆润清爽的粳米、纤细柔美的籼米、软糯Q甜的糯米……完全不像是从一个娘胎里出来的种子。还好，目前的分析技术已经可以帮助我们查到它们的家谱：所有这些稻米都来自同一个祖先——“普通野生稻”。

最“甜蜜”的种子——玉米

可能你会说：我从来都不觉得玉米是糖豆啊，为什么它最甜？

因为，玉米可以变糖水啊——时至今日，我们喝的甜饮料中，几乎都有玉米的身影。

玉米变糖水的过程，是因为这三件重要的事情。

第一件是，20 世纪 70 年代，美国人开始对蔗糖征收重税了。美国本土的蔗糖售价飞涨，达到了原产地的 2 ~ 3 倍。普通消费者可能感受不到这种价格的变化，但是对于可口可乐这样的用糖大户就不一样了：消费者可不管糖贵不贵，只关心喝到的可乐是不是一样甜。所以这些用糖大户们迫切需要找到蔗糖的低价替代品。

第二件是，随着玉米种植的水平越来越高，美国玉米的产量也越来越高，供大于求，直接导致玉米的销售价格跌入低谷，想贱卖都找不到出路。

第三件是，科学家们找到了把葡萄糖转变成果糖的方法，通过水解玉米淀粉做成“果葡糖浆”，成功地找到了完全可以替代蔗糖的产品。

当这三件事情凑在一起的时候，由玉米做成的果葡糖浆就成功“逆袭”了，大量的玉米淀粉变身成为甜蜜元素。

知道了这些餐桌上的小种子们的前世今生，再看到它们、吃到它们的时候，你的心情会不会有点不一样呢？

15

年糕：米的魔幻表演

春节的餐桌总是特别丰富。琳琅满目的各式美味中有些特别的菜肴，正因为它们才有了年的味道，正因为它们才有了团聚的滋味，正因为它们大家才体会到家的温暖——年糕就是这样逢年必吃的年节佳肴。不管是江浙的酒酿煮年糕，还是西南的火腿炒年糕，抑或是西北的黍子面年糕，透露出的都是浓浓的春节氛围。

据说年糕的诞生和战国时期吴国大将伍子胥有关，后来成为常见的民间美食。可是，大家知道年糕是怎么做的吗？为什么冷的年糕硬、热的年糕软呢？据说糯米年糕吃多了不好消化，这又是不是真的呢？

年糕与城砖

据说，年糕的诞生跟战国时期著名的吴国大将伍子胥有关。

当年，伍子胥力谏吴王灭掉越国，可惜吴王并没有听从他的建议，而是命令他修建了壮丽的都城供自己享乐。后来，吴王听信谗言赐死了伍子胥。临刑前，伍子胥告诉大家，如果有一天都城被越军所困，可以去城墙下挖吃的救命。起初，大家都觉得这就是一个玩笑。直到有一天，吴国都城真的为越军所困，弹尽粮绝，人们这才想起伍子胥的话。他们挖开城墙一角，结果发现，那些城砖竟然是用大米做成的。终于全城百姓都免受饥荒之苦。后来，人们为了纪念伍子胥，就开始制作城砖一样的米糕，当然个头要小得多。这就是关于年糕来历的传说。

从这个故事我们知道，伍子胥的年糕有两个特点：一是耐储存，很久之后拿出来依然可以吃；二是够硬，不会像果冻一样，稍微施加点力量就变成软软的一摊了。正因为如此才能伪装成城砖吧。

可是问题来了，我们熟悉的餐桌上的年糕，都是软软糯糯的，怎么能伪装成硬硬的城砖呢？难道伍子胥的年糕用的是特殊的米吗？

不同口感与米的变幻

一说到年糕，一般都会认为一定是糯米做的，因为它们的黏性像极了我们熟悉的粽子和糯米糕。但实际并非如此，去超市的生鲜区，我们很容易就能找到硬邦邦的“水磨年糕”，和柔软的年糕质感相当不同。

其实，常见的年糕可以分为三类。

第一类以上海年糕、云南蒙自年糕为代表。这些年糕确实是用糯米制作而成的，大概是最早的年糕。早自汉朝起，人们就开始吃这种食物了。汉人代扬雄在《方言》

里记录说，当时的人们，会把糯米蒸熟，然后舂成米糍，再切成小条，油炸之后就是一道美味了。至今，油炸年糕仍然是受人欢迎的美食。

第二类年糕，就是现在非常流行的水磨年糕了。这些年糕不是用糯米，而是用非糯性的粳米或籼米做的。制作过程有点像磨豆腐，把米粒浸泡在水中足够长时间，让米粒吸足水分，然后用石磨把米粒磨细，之后再把米浆做成块状的年糕。其中最具代表性的就是宁波水磨年糕了。

第三类年糕比较混搭，其中混杂了粳米、糯米与各类杂粮，甚至有各种馅料和调味品。比起前两种可以当主食的年糕，这样的年糕就是小朋友们喜欢的甜点了。

年糕为什么是黏黏的

不管是哪种年糕，加热到足够高的温度，我们都能享受到软糯的口感。这又是为什么呢？

这还得从大米和糯米的成分说起，我们先来聊一聊做年糕的粳米、籼米、糯米的关系。

粳米长得圆圆的，在北方比较多见，特别有代表性的就是东北大米了；籼米则是长粒米，南方的大米大多是这个样子的，其中的代表就是泰国香米了。至于糯米呢，虽然经常被单独拎出来说，可它并不是与粳米和籼米对等的第三个品种。糯米的特点在于其口感软糯的特征，不管是粳米还是籼米，其中都有糯米。所以，糯米真正对应的，是普通的非糯性的大米。

为什么大米会有糯和不糯的区别呢？这是由米粒中含有的不同的淀粉种类决定的。

虽说淀粉都是由很多很多个葡萄糖分子组成的，但是样子却不一样：有的就像是一条丝线，直直顺顺的，这样的淀粉叫作“直链淀粉”；而有的则像大树一样，枝枝杈杈非常多，这样的淀粉叫作“支链淀粉”。树枝一样的支链淀粉容易跟水分子搅和在一起，变得黏糊糊的，糯米里面几乎都是这种淀粉，所以糯米黏黏的，也就不奇怪了。

可是，为什么用普通大米做的年糕，吃起来也是黏黏的呢？这是因为直链淀粉在高温下，也会跟水拉近关系，变成黏糊糊的一团，这个过程叫作淀粉的“糊化”。

所以，不管是糯米年糕，还是普通大米年糕，热的时候吃都有黏的口感。只是当温度下降的时候，很多直链淀粉就要跟水分子说再见了，重新变回成硬邦邦的状态，就好像大米还是生的一样，于是人们给这种现象取了个很形象的名字——“回生”。放在冰箱里的水磨年糕硬硬的，就是因为回生了。

通常来说，直链淀粉的含量越高，大米制品就越容易回生，而支链淀粉多的糯米制品就好多了。这也就是我们吃冷的糯米年糕和糯米粽子时，依然会感到软糯的原因了。

16

我们来说一个可怕的事情：吃青菜！

青菜、白菜、卷心菜……对于健康饮食来说，叶菜类是必不可少的。但很多小朋友都不喜欢吃青菜，爸爸妈妈就会批评他们挑食，不好好吃饭。

其实，这还真的不是小朋友们的错——青菜们确实有自带的化学武器。

成员众多的青菜大家族

我们说的青菜，其实是一个大家族。青菜家族的各位，为什么要带“化学武器”这么危险的东西呢？

因为青菜们要防身啊——在野外，青菜要防御动物的啃咬，这些动物也包括我们人类。这种大名“异硫氰酸盐”的化学武器，本身就是苦苦的、臭臭的，再加上小朋友的味觉和嗅觉都比较敏感，不喜欢吃青菜也是在情理之中。

不过，青菜里面还是有很多有用的物质，比如说维生素，比如说膳食纤维。不说别的，多吃青菜至少可以让我们更畅快地便便，再也不用担心拉出来羊粪蛋一样的硬粑粑了。

青菜大家族里成员众多，有的味道重，有的味道清淡。小朋友们该从什么青菜开始尝试呢？常见的青菜分别属于白菜家族、甘蓝家族和芥菜家族，这三个家族的口味究竟有什么不同呢？

白菜大家族

常见指数：五星
难闻指数：二星

白菜家族是味道最清淡的青菜家族，气味特别小，也是最容易被小朋友接受的青菜。

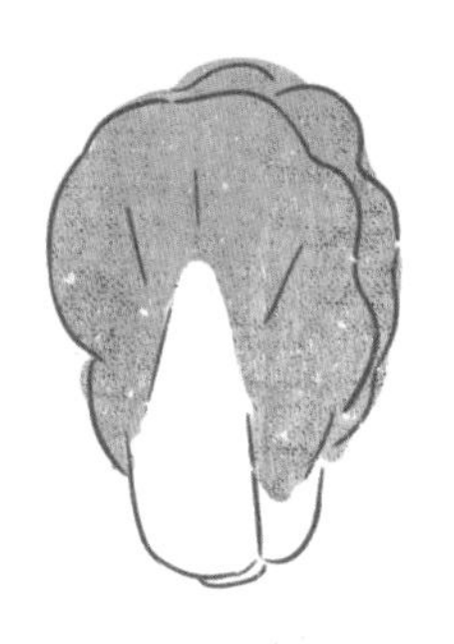

大白菜大概是跟中国人关系最亲密的青菜之一了。它们也非常容易辨认，大白菜白色的叶子衣服都是紧紧地裹在自己身上的。因为耐储存、味道好，于是成为了北方冬天重要的蔬菜。

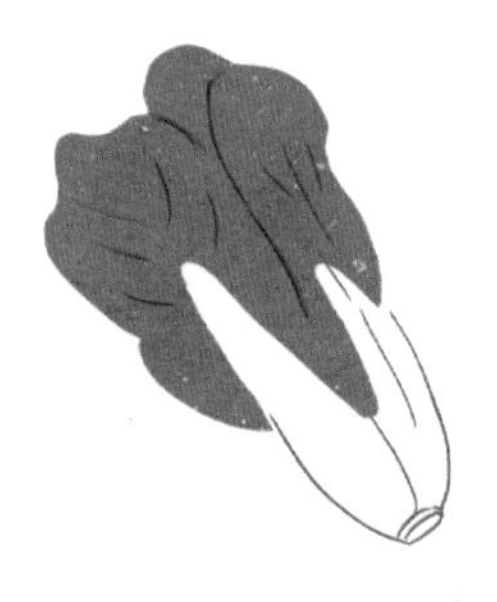

小白菜通常被认为是一种特殊的蔬菜，但是在北方大部分地方，大家吃的“小白菜”其实是小的大白菜。与大白菜白色的叶子不太一样，小的大白菜的叶子是绿色散开的。

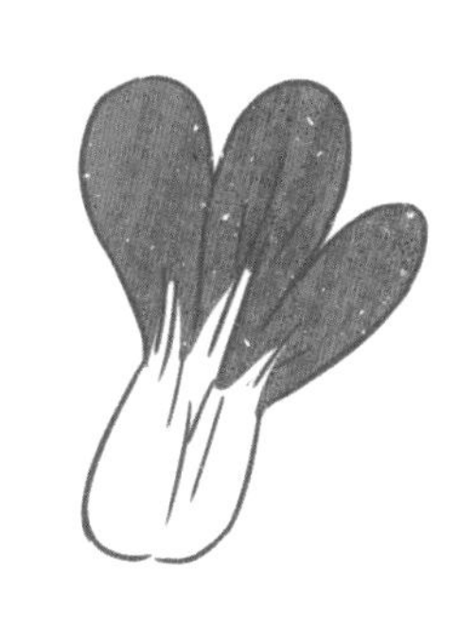

小油菜是南方的小白菜，它是一种特殊品种的白菜，叫油白菜。有小朋友说，这种蔬菜并没有油啊。其实，这种小白菜初始的任务就是生产菜籽，用来榨油。只不过后来发现它们的叶子也挺好吃的，于是才有了新身份。

比起其他食用历史悠久的“老前辈”，塌棵菜算是新出现在人们餐桌上的一种青菜了。因为像是被踩扁的菜，所以叫塌棵菜；因为形状像一朵花，也被叫作菊花菜。不过这可不是什么神奇的新品种，而是一种原始的白菜。宋朝之前的大白菜都长这副菊花模样。

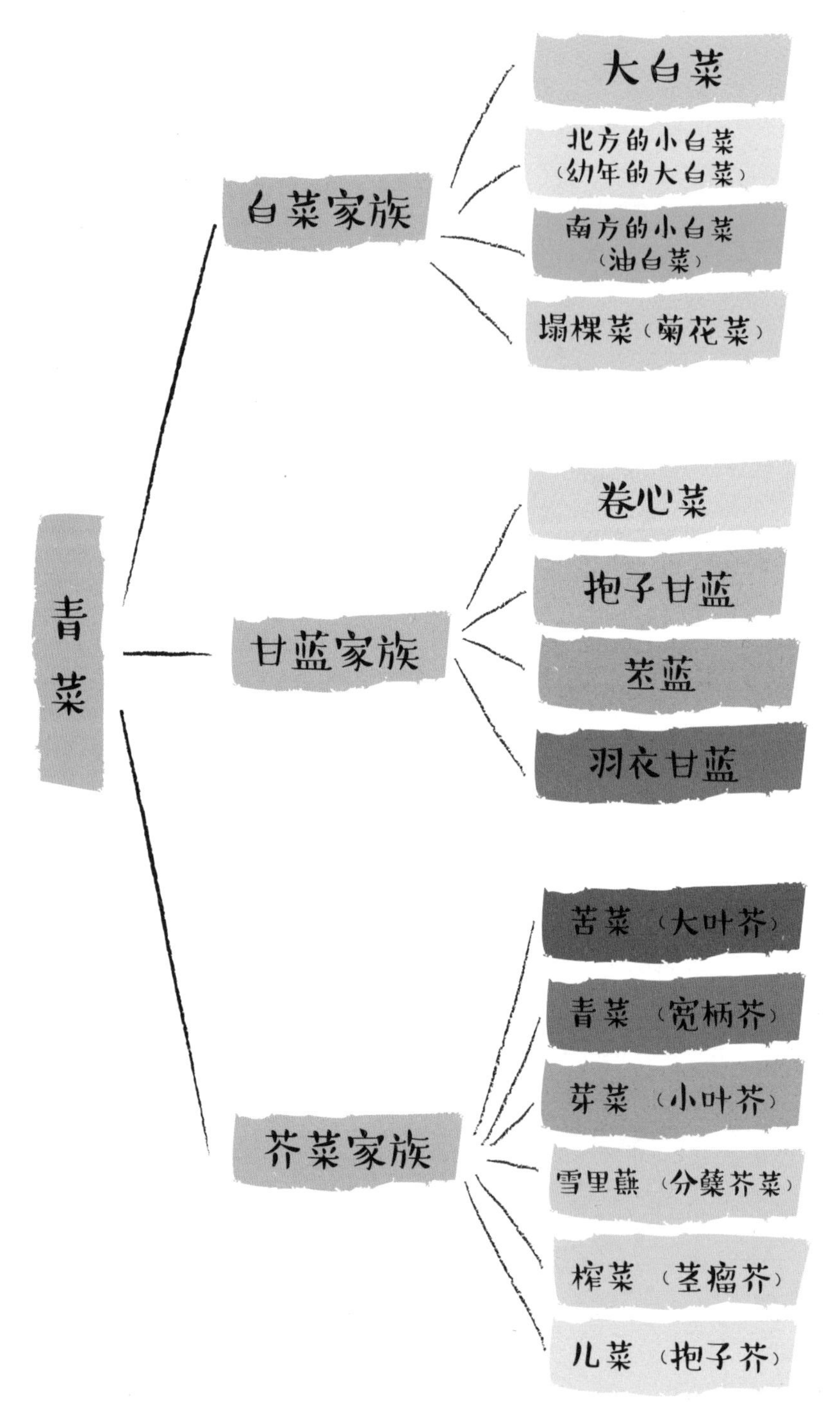
青菜
白菜家族
大白菜
北方的小白菜（幼年的大白菜）
南方的小白菜（油白菜）
塌棵菜（菊花菜）
甘蓝家族
卷心菜
抱子甘蓝
苤蓝
羽衣甘蓝
芥菜家族
苦菜（大叶芥）
青菜（宽柄芥）
芽菜（小叶芥）
雪里蕻（分蘖芥菜）
榨菜（茎瘤芥）
儿菜（抱子芥）

甘蓝大家族

常见指数：五星
难闻指数：三星

卷心菜就像大白菜一样，也是一个超级超级大众的菜品。它的老家在欧洲。

像大白菜一样，最原始的甘蓝叶片通常是散开的，只是因为基因的变异才出现了包心的现象。卷心菜通常是绿色的，但也有花青素丰富的品种，呈现艳丽的紫色，被称为紫甘蓝。因为花青素比较多，所以紫甘蓝吃起来有特殊的涩味。

迷你的抱子甘蓝就非常可爱了，我们吃的部位不是它巨大的叶球，而是那些生长在茎秆上的小芽。一个个小芽特别像缩小版的卷心菜，然而这些小芽有明显的苦味，显然不太符合小朋友的口味。它们通常被整个做沙拉或者烤着吃。

球茎甘蓝，顾名思义，就是茎秆长成圆球的甘蓝，它们通常被叫作苤蓝。苤蓝同蔓菁非常相像，只不过前者吃的是茎，圆球上表面均匀分布着很多叶柄的痕迹。切丝清炒、煮汤都不错，老北京的八宝酱菜中就少不了苤蓝这一宝。

羽衣甘蓝，叶片像羽毛的甘蓝，比紫甘蓝还要美艳，然而它们的主要出场地点是在花坛中。因为羽衣甘蓝的纤维很多，口感粗糙，并不是一种好蔬菜，所以我们只要观赏它们就可以了。

芥菜大家族

常见指数：三星
难闻指数：五星

一说到芥菜，人们通常想到的就是大头菜，但是大家可能不知道的是，我们吃的很多青菜都是芥菜家族的成员，它们的名字叫“叶用芥菜”。芥菜家的成员都有比较重的芥菜气味，苦菜、青菜、雪里蕻都是这个家族的常见成员。

苦菜的大名是大叶芥。这种芥菜的个头比较大，直接吃或者做成腌菜都相当不错，四川著名的冬菜就是用大叶芥制成的。

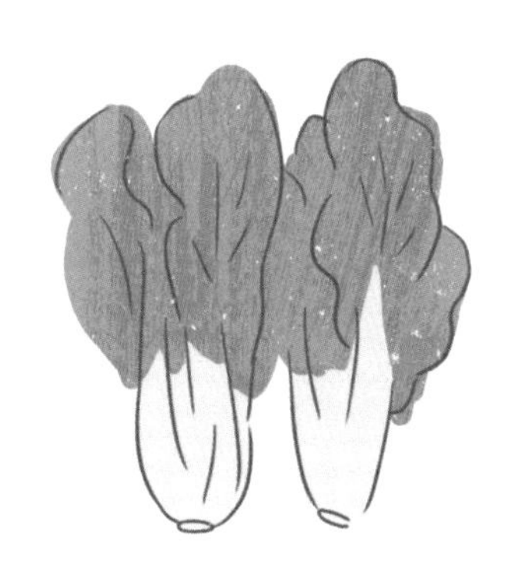

青菜通常是指宽梆青菜，在南方各地都广为栽培。它们的特点是叶柄很宽大，特别像白菜，然而叶子都是碧绿色的，身上的刺毛也很少。用来煮汤、清炒都挺美味。

对北方人来说，雪里蕻更是一种重要的青菜。它们的叶子更像是一根根羽毛，叶子上一根刺毛都没有，通常会长成大丛大丛的。北方很多地方会把雪里蕻腌制成酸菜，十分开胃下饭。

当然，叶用芥菜家族的成员远不止以上几种，还有叶瘤芥、长柄芥、花叶芥、凤尾芥、卷心芥等小众品种。当然别忘记，芥菜里最出名的，还是做成榨菜的茎瘤芥。

另外，最近几年餐桌上流行起来的儿菜其实也是一种芥菜。一大块植株上有很多个小芽，把这些芽一个个分开，用高汤或者清水来煮，再加点辣椒和蒜瓣做成的蘸水，真是美味极了。

好了，说了这么多青菜，小朋友们有没有被绕晕啊？别急，一种一种吃过去，青菜大家族就认得清清楚楚啦，祝大家吃青菜愉快。

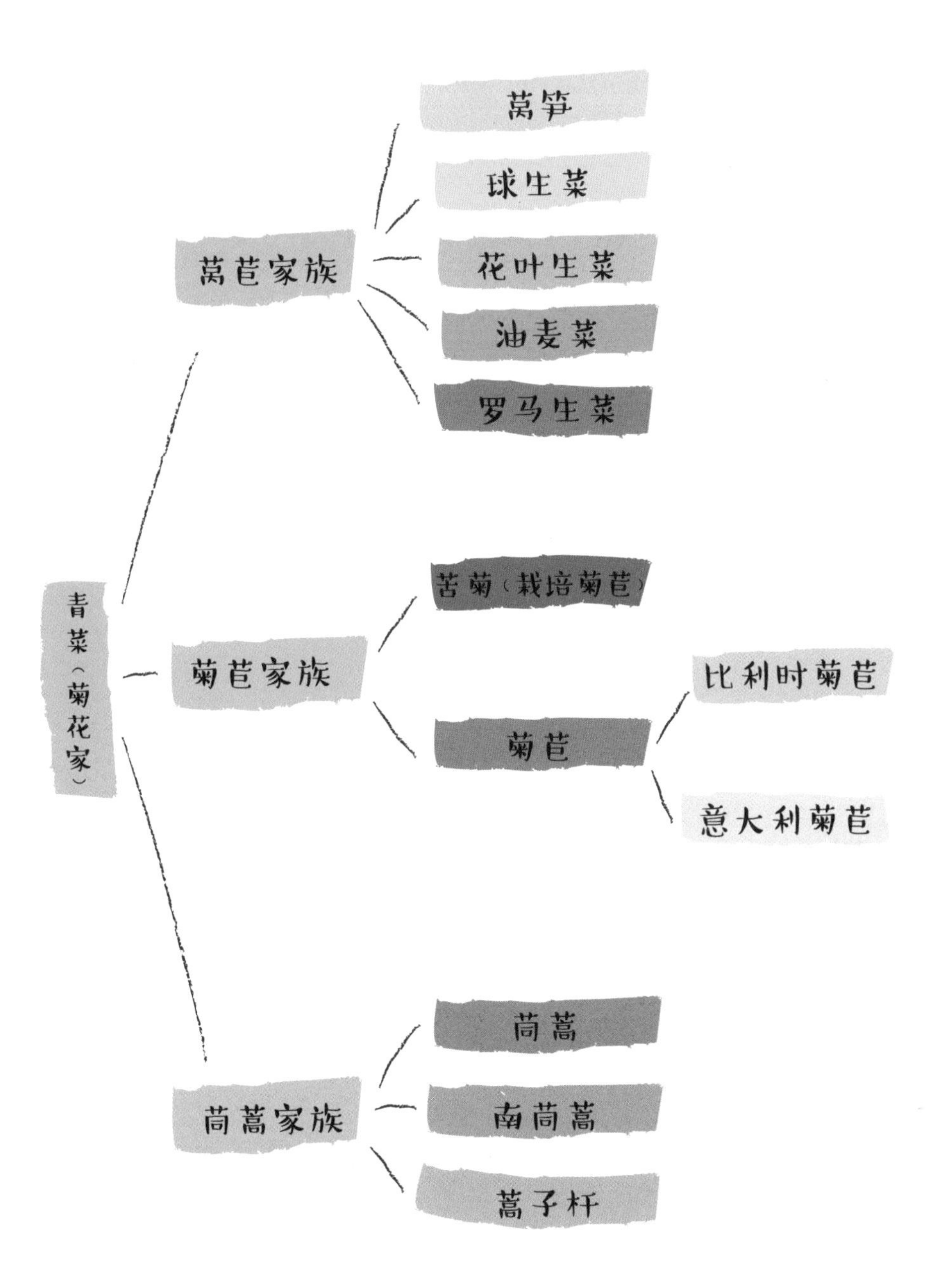
青菜（菊花家）
莴苣家族
莴笋
球生菜
花叶生菜
油麦菜
罗马生菜
菊苣家族
苦菊（栽培菊苣）
菊苣
比利时菊苣
意大利菊苣
茼蒿家族
茼蒿
南茼蒿
蒿子杆

糊涂了！它们是同一种水果吗？

现在水果店里的果品越来越琳琅满目了。中国各地的水果，甚至来自世界各国的水果，都可以方便地买到。不过，有些水果店言之凿凿地说：奇异果可不是猕猴桃，凤梨比菠萝更好吃，车厘子比樱桃更高级……这些说法究竟是不是真的呢？

猕猴桃VS奇异果

其实，奇异果就是猕猴桃。

目前市面上的猕猴桃，按物种分主要有两种——美味猕猴桃和中华猕猴桃（也有极小可能碰到软枣猕猴桃）；按果肉颜色分主要有两种——绿心和黄心（当然也有红心，但是比较少）；按有没有去新西兰“留学”过，也可以分为两种——猕猴桃和奇异果。

好了，现在很清晰了：从经历上讲，猕猴桃就是土生土长的中国水果，而奇异果（英文是kiwi fruit）曾经到过新西兰，可以说是“海归”了。

蛇果 VS 苹果

蛇果就是一种苹果。

世界上几乎所有的栽培苹果都是一个物种，它们是新疆野苹果和森林苹果杂交之后产生的后代。如今庞大的苹果家族都是一个种，就像世界上所有的狗狗都是一个种一样。

另外，蛇果其实跟蛇一点关系都没有，它的名称来自于我国港台地区对“delicious”的音译“地厘蛇”，后来被进一步简化成了“蛇果”。

车厘子 VS 樱桃

“车厘子”来源于欧洲甜樱桃“cherries”的音译，一如蛇果来源于“delicious”的音译“地厘蛇”一样。其实，车厘子就是欧洲甜樱桃的一个品种，特点是果肉紧实多汁。

好了，这下清楚了，其实车厘子主要指的是欧洲甜樱桃，现在中国市场上的樱桃几乎都是这个物种。至于原产的中国樱桃，因为果肉太软，太难运输，再加上产量低，所以在市场上找起来还挺费劲的。

水果店

橙子
9元一斤

皇冠梨
3元一斤

红富士
4元一斤

红富士
APPLE

促销
20%↓

处理

芭乐 VS 番石榴

芭乐和番石榴本来就是同一个东西。

美洲的番石榴由西班牙人带回欧洲，然后又由欧洲人带到了东南亚。我国台湾从 17 世纪开始栽培番石榴。“芭乐”是台湾当地对番石榴的称呼，并逐渐发展出了水晶芭乐、无子芭乐、红心芭乐等多种番石榴。

你可能已经发现了，在中国的水果和蔬菜名字中，有很多冠以“番”和“胡”字，比如番石榴、番茄、胡萝卜，这些植物都不是中国原产的。通常来说，名字里面有“胡”字的，基本都是经丝绸之路从西边来的；而名字里带“番”字的，通常是从南方坐船进入中国的。小小的名字里，还藏着植物的身世哦。

凤梨 VS 菠萝

菠萝和凤梨根本就是一种植物，只是名字不同而已。因为品种的问题，它们口感有差异，再加上某些商家有意引导，才让我们感觉到凤梨是种新水果了。

其实，在我国台湾地区，菠萝的名字就一直是凤梨。打从这种水果从南美洲远渡重洋而来的时候，就叫这个名字——因为菠萝头顶长着一丛凤凰尾巴一样的叶子，因而得名凤梨。“菠萝”这个名字倒是后来才出现的，至于为什么叫这个名字尚无从考证，有一种说法是因为它形似我国西南出产的菠萝蜜。

知道了这些水果名字的秘密，下次再去水果店就不会上当了哟。

红心火龙果里面有色素？哎哟，还真说对了

大家都吃过火龙果吧？以前市场上的火龙果都是红皮白心的，不知道从什么时候起，就出现了红皮红心的品种。这个神奇的家伙吃到嘴巴里，那颜色、那效果简直震撼——嘴唇、舌头都变色了，就像突然变成了吸血鬼。

然而，红心火龙果的强劲效果并没有结束。第二天上厕所的时候，你会再次被震撼——不仅便便是红色的，甚至有些小朋友的尿液都变成了红色！

难道红心火龙果真像有些人说的被注射了色素，这些坏东西能让人尿血？

不要冤枉火龙果

红心火龙果里的红色，来自一种特别的色素——甜菜红素。

这种色素比较稳定，不会被人类的消化系统破坏。于是，吃进去的色素又原样出来了，还染红了马桶。更有意思的是，这种色素还会进入我们的尿液，于是就有了“尿血”的情况，小朋友可千万不要慌张。

人类为什么要培育有着“吓人效果”的红心火龙果呢？确实是因为红心火龙果吃起来更甜——它们的含糖量比白心火龙果高得多。

至于有人猜测红心火龙果是人工注射了什么色素进去，那可是无稽之谈。红心火龙果本身就有很强的色素制造能力，果农根本没有必要往里面注入染料。反过来想想，如果要注射，火龙果被扎得浑身都是针孔，难道不会被细菌侵袭腐烂变质吗？这样的傻事儿，肯定不会有人干的。

傲娇的红心火龙果

人类为了追求更甜美的口感，培育出了红心火龙果。可这家伙，要花费相当多的心血去照料和种植，才能结出好吃的果实来呢！

白心火龙果，可以自己给自己授粉；但是红心火龙果必须把花粉传到另一棵植株上，才能结出果实，所以要人工一朵一朵地授粉！不仅如此，这个活只能在夜晚干——因为火龙果的花朵在傍晚开放，到太阳升起的时候就要萎蔫了。所以，想想那些在夜晚辛勤工作的果农们，卖贵点也就容易理解了。

红色素的大家族

除了红心火龙果，还有不少植物含有甜菜红素。比如可以做成红菜汤的甜菜和枸杞——枸杞泡进水里，水就变成橙红色了，这也是甜菜红素的作用。

除了甜菜红素，果实中的红色颜料还有花青素和番茄红素。其中，花青素的个性与甜菜红素颇为相似，都很容易跑到水中去游泳。不过，花青素“性格多变”，一旦碰到碱，一下子就变蓝了！

顺便再偷偷告诉大家，甜菜红素也会变身，当甜菜红素碰到碱的时候，就会变成尿黄色呢。

小贴士

蔬果变色小实验

找来紫甘蓝、小番茄、草莓和红心火龙果，捣碎之后加入一点纯净水，等浸泡到水变色之后，倒去上层不带沉淀的彩色水。试着向彩色水里面加入碱面，看看颜色会有什么样的变化。如果会变蓝，就说明这类蔬果含有花青素。

19

染红手指的橘子还能吃吗？

你遇到过这样的情况吗？秋天橘子上市了，剥橘子皮的时候，手指头居然都变红了，而且连擦手的纸巾都变红了！

这橘子是不是染色了？还能吃吗？

橘子染色这件事，会不会是橘子自身的色素引起的？

其实，柑橘家族的色彩还是挺单纯的。除了有一些叫“血橙”的种类含有一点点花青素，其余的大部分柑橘基本就只含有胡萝卜素了。特别是在柑橘皮上，除了叶绿素，就是胡萝卜素。

顾名思义，胡萝卜素当然是胡萝卜色的了。这种色素特别坚持自己的生活原则。比如，它不喜欢跟水打交道，很难溶解在水里面（所以泡过胡萝卜丝的水，仍然是透明的）。还有，胡萝卜素的颜色比较稳定，即便是被人吃下去，进入血液，都还是橙黄色的。这么看来，染色事件的主谋不是胡萝卜素，也不是柑橘本身。

橘子皮上的红色从何而来

苋菜红、诱惑红是比较常见的红色食品着色剂。这些色素的名字听起来挺天然、挺诱惑，颜色也是异常美丽，但是暗藏风险。如果超量使用，就有可能给人体带来麻烦——诱惑红有可能影响儿童的智力发育，也可能会导致儿童多动症等行为障碍。

我们很难判断，这些染色的橙子身上究竟被包上了什么样的色素。但是有一点可以肯定，这些可以被擦掉的色素一定是后来添加的，而不是这些橘子自身的。

染了色的橘子能不能吃？

这个得从橘子和染料两方面分开说。

先说这些染料吧。还好，我们吃的时候，不会去舔橘子皮，所以相对来说还比较安全。但是，剥皮之后拿着橘子吃，手指上的色素就会被顺带着吃下去，所以剥完橘子皮一定要注意把手洗干净。

还有些朋友有用橘子皮泡茶的习惯。这个时候就要注意了：即便碰到的不是染色橘子，很多柑橘皮表面还是会喷一些保鲜或抗真菌的药剂。用这样的橘皮泡茶，喝下去的就不是健康，而是风险了。

橘子上色当然是为了漂亮。如果是优质的柑橘，本身就已经够漂亮了，只有那些灰头土脸、质量差的柑橘才需要美容。潜藏的风险就是：很多橘子在美容之前可能已经发生了霉变。吃这样的柑橘，风险不言而喻。

吃到有明显异味或酸腐味的柑橘，就果断放弃吧，不管它们的样子有多美丽。

小贴士

是不是所有会掉色的水果都有问题？

当然不是了！

草莓就是会掉色的。这种水果中富含大量的花青素，再加上草莓比较娇嫩，一碰就破，所以经常会出现掉色的现象。

红心火龙果也是会掉色的。它里面所含的不是花青素，而是甜菜色素。甜菜色素也是鲜红色的，并且很容易溶解到水中，所以吃红心火龙果的时候，经常会吃得嘴巴、舌头都红红的。

这些颜色的水果，放心吃就好。最后，祝大家吃橘子快乐！

20

维生素 C 和柑橘家的纠结事儿

当深秋的寒风扫过大地的时候，柑橘家族又开始霸占水果摊了。圆的柚子、扁的橘子、红的西柚、黄的柠檬……光是看看这些水果的样子，就要开始流口水啦！但是，漂亮的色泽和酸甜的口感已经不是柑橘类水果的卖点，富含维生素 C 才是它们的新特色。

现在有好多人说，柠檬中含有的维生素 C 要比柑橘还高，每天泡柠檬水喝就能保持健康，柠檬和维生素 C 几乎成为捆绑在一起的双胞胎符号。柑橘类水果为什么会成为维生素 C 的代言人？柑橘家族真的是维生素 C 王者吗？

理一理柑橘的混乱家谱

看看水果摊，大橘子、小冰糖橘、柠檬、橙子、丑柑、芦柑、西柚、红心柚、沙田柚……随便一数，两只手的手指头都快不够用了。可是，柑橘大家族的元老只有三个——它们就是柚子、橘子（学名宽皮橘）和香橼。这三位芸香科柑橘属的成员，通过不断的交流，变幻出了丰富的柑橘家族。

柚子皮厚个大，是中国传统的水果，不仅汁水丰富，保存期也相当长，就像是一个个完美的水果罐头。只是柚子略带苦味（这都是一种叫"柠檬苦素"的东西在捣鬼），很多小朋友并不喜欢这种味道。

相对来说，橘子是更加大众化的品种。宽皮橘，皮如其名，宽宽松松的果皮很容易被剥掉，一般比柚子更甜，苦味也更少。

香橼很少单独出现在水果摊上。相对柚子和宽皮橘来说，香橼不仅个头小，果肉也少得可怜，所以很少有人专门去吃。香橼通常只是当作果篮的配饰，或者作为摆设放在房间里，提供一些清新的香味。

小贴士

别弄混啦!

金橘可不属于柑橘家族哦!

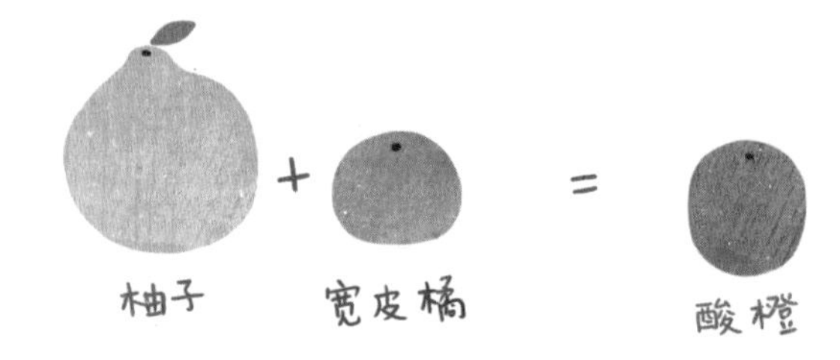

杂交繁衍出大家族

柑橘家的三位元老个性鲜明，但是它们并没有坚守自己的家门，而是想办法和其他种类加强交流，于是繁育出了更多的种类。

我们最常见的家族成员橙子，应该分为酸橙和甜橙。酸橙是柚子和宽皮橘的直接后代，柚子是妈妈，宽皮橘是爸爸。对甜橙来说，身世就复杂了：柚子依然是妈妈，但是它们的爸爸被称为“早期杂柑”，其实是柚子和宽皮橘的杂交产物。

在之前的研究中，大家都认为橙子和香橼结合产生了柠檬。其实准确来说，市场上常见的甜橙压根就没和香橼发生过关系，柠檬真正的爸爸妈妈是酸橙和香橼。而且酸橙

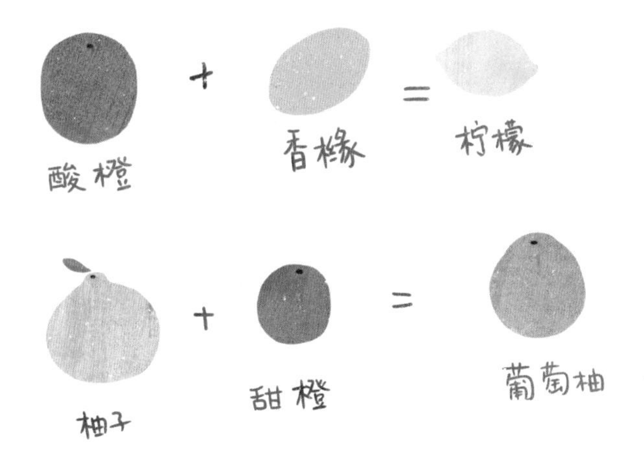

和香橼还给柠檬带来了一大堆兄弟姐妹，包括黎檬和粗柠檬，只是这两个类似柠檬的物种不大出镜而已。

看着酸橙的大家庭，甜橙当然也不甘寂寞，它找到了柚子——它们的爱情结晶就是葡萄柚（西柚）。因为葡萄柚有更多来自柚子妈妈的遗传基因，所以葡萄柚的个头也比甜橙爸爸要大很多。

至此，柑橘家族的主要种类都出现了，酸甜苦香各种味觉混合在一起，让柑橘家族成为世界通行的水果。看看超市里占据主流的柠檬和橙子饮料，就能感受到这个家族的庞大势力。

柑橘家族不是维生素 C 王者

大家一说补充维生素 C，脑子里就盘旋着各种橙子，仿佛这些水果就是蕴藏着维生素C的大宝库。可是看一下橙子和橙子的维生素含量，你就会大失所望——每 100 克橙子的维生素 C 含量只有区区 40 毫克，连大白菜和西兰花（43 毫克 /100 克和 56 毫克 /100 克）都比不过，更不用说跟辣椒（144 毫克 /100 克）相比了。

柠檬中的维生素 C 要比橙子稍多一些，但是也远远没有达到辣椒的等级。“柠檬 = 维生素 C”的说法可能是因为 18 世纪英国海军为海员治疗坏血病的时候，首先尝试了柠檬汁（同时还有苹果醋、稀硫酸和海水），后来证明柠檬汁有效。就这样柠檬汁几乎就成了维生素 C 的代表。

话说回来，当年，很多在西印度群岛服役的英国海军官兵吃的并不是柠檬，而是“来檬”。虽然名字只有一字之差，但是来檬的祖辈可是香橼、柚子、宽皮橘和箭叶橙，跟柠檬只能算远房亲戚罢了。现在，来檬以“青柠”的身份重新登场，大有跟柠檬分庭抗礼之势。

小贴士

18世纪英国海军尝试用稀硫酸为海员治疗坏血病？你没看错，这是真的，人类的试验就是这样一步一步走过来的……

植物：维生素C，我需要你

我们为什么把维生素C看得这么重？因为它对我们人体的活动非常重要。

胶原蛋白是我们身体的重要组成物质，像血管、皮肤都是由这些蛋白质组成的。不过组成这些蛋白质的氨基酸，不会像植物纤维那样自己抱团，它们更像是一块块水泥板，需要靠铆钉连接起来，维生素C就是这样的铆钉。之所以会患坏血病，就是因为维生素C“铆钉”太少了，引发胶原蛋白崩塌，并破坏了血管的结构。除此之外，维生素C还承担着一些抗氧化的功能，也就是说，会让人体的衰老速度慢下来。

遗憾的是，同大多数动物不同，我们人类没有合成维生素C的能力（同样悲剧的还有高级灵长类、天竺鼠、白喉红臀鹎与食果性蝙蝠），所以必须依赖食物中的维生素C，特别是植物中的维生素C。

为什么植物会富含维生素C呢？

传统的观点认为，维生素C可以帮助植物对抗干旱、强烈的紫外线等严酷的环境，基本上被认为是植物体内的“救火队员”。不过2007年英国埃克塞特大学的一项研究表明，维生素C对植物的发育具有更重要的作用，这种物质会消灭光合作用的有害产物——那些维生素C合成出问题的植物，竟然不能正常发育了！

现在，维生素C在植物中的作用还在逐步被科学家们解密。

吃肉也能补维 C

我们一说补充维生素 C，通常想到的就是水果和蔬菜，实际上，吃肉一样能补充维生素 C。只是，我们在烹饪肉类的时候往往会持续高温加热，其中的维生素 C 几乎都被破坏了。

如果能受得了生肉的口感滋味，又没有寄生虫威胁的话，我们完全可以从肉类中获得足够的维生素 C——每 100 克生牛肝和生牡蛎中的维生素 C 含量，可达 30 毫克以上。其实，家住北极圈以内的因纽特人就是这么干的。

“少年轻科普”丛书

当成语遇到科学

动物界的特种工

花花草草和大树，
我有问题想问你

生物饭店
奇奇怪怪的食客与意想不到的食谱

恐龙、蓝菌和更古老的生命

我们身边的奇妙科学

星空和大地，
藏着那么多秘密

遇到危险怎么办
——我的安全笔记

病毒和人类
共生的世界

灭绝动物
不想和你说再见

细菌王国
看不见的神奇世界

好脏的科学
世界有点重口味

当小古文遇到科学

当古诗词遇到科学

《西游记》里的博物学

博物馆里的汉字